100 张图

看宇宙

从宇宙起源到太空探索

[英]萨斯基亚·格温 著 瞿澜 图 韩慧魏 译

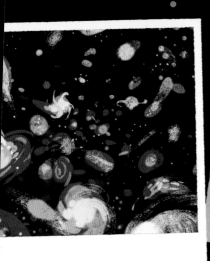
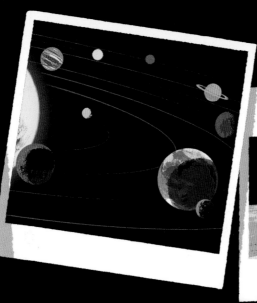

乐乐趣

南京大学出版社

开篇语

欢迎进入宇宙!

宇宙的长河正在你面前缓缓流过……

我们将从万物之始起航,经历宇宙大爆炸,

一起领略星系的壮丽,

以及那数不胜数的恒星和令人惊叹的行星。

准备好了吗?

让我们一起踏上宇宙之旅,

探寻宇宙诞生以来的奥秘吧!

100张超酷的图片会令你大饱眼福,

它们将带你进入神奇的宇宙,

找寻恒星从诞生到消亡的秘密,

发现星系的各种形态,探寻黑洞孕育的过程,

了解是什么创造了太阳……

你还会了解到:

宇宙中出现的第一种元素是什么?

银河系是怎么形成的?

什么是暗物质?

哪些勇敢的人曾探索过太空?

还等什么呢?

快快穿上你的航天服,

坐上宇宙飞船,

一场奇妙的宇宙之旅就要开始了!

目录

(* 图序)

宇宙大爆炸

宇宙暴胀

早期核聚变

原子形成

时间轴

宇宙大爆炸
（大约138亿年前）

大爆炸后的
百万分之一秒内

大爆炸后的几分钟内

大爆炸后
约38万年

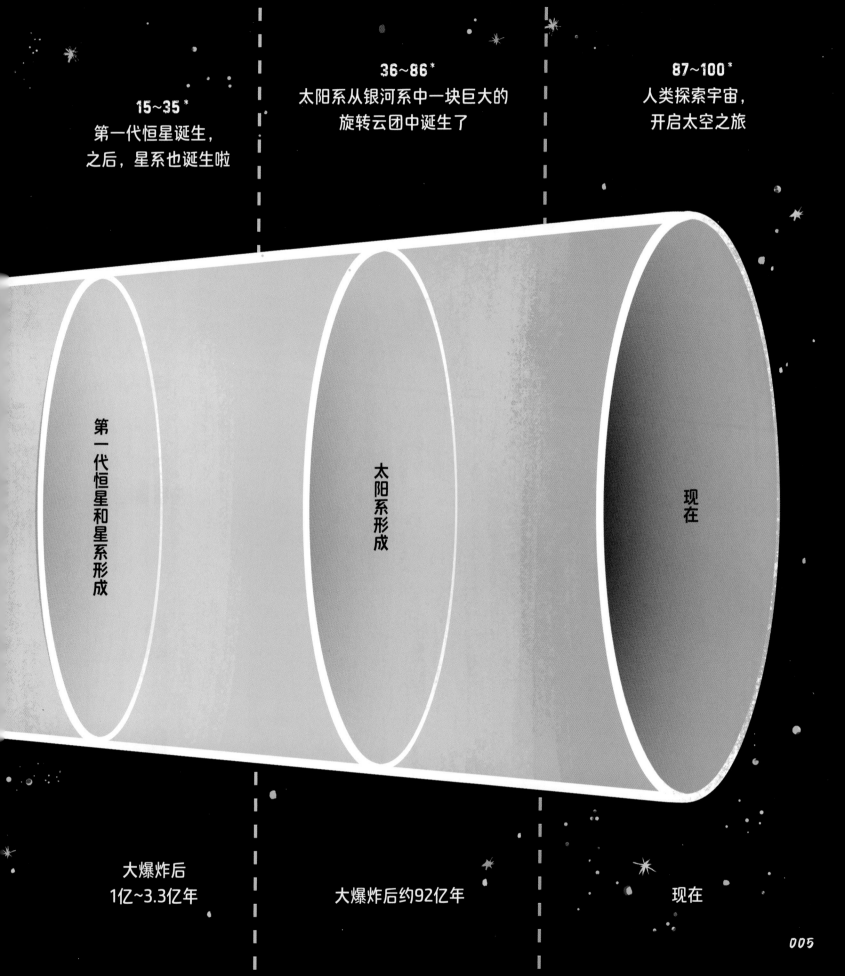

15~35*
第一代恒星诞生，
之后，星系也诞生啦

36~86*
太阳系从银河系中一块巨大的
旋转云团中诞生了

87~100*
人类探索宇宙，
开启太空之旅

第一代恒星和星系形成

太阳系形成

现在

大爆炸后
1亿~3.3亿年

大爆炸后约92亿年

现在

万物创生之初，

一切都和我们现今的世界不同。

物质不存在，

光不存在，

我们所知的时间也不存在。

直到……

万物之始

2 大约138亿年前，有一个"点"

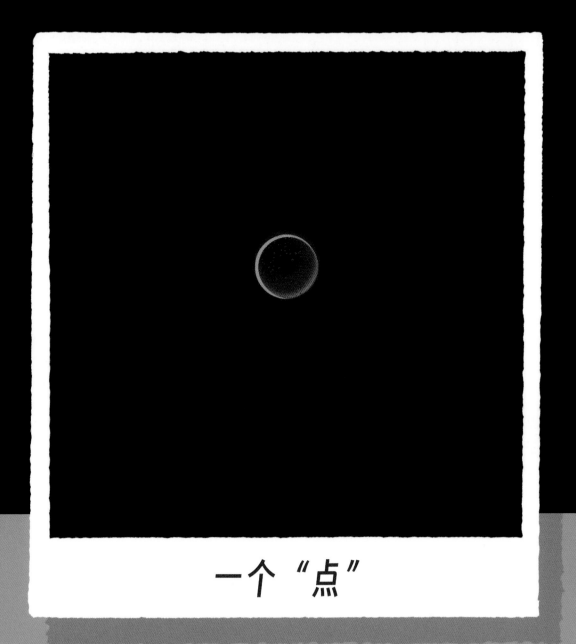

一个"点"

✳在一个体积无限小的点内……

✳所有的物质和能量都被挤压在一起。

✳这种状态下的宇宙的密度和压力都无限大。

✳这个点中蕴含的东西超过了我们如今在宇宙中观察到的一切。

✳这个点的温度无限高！

3

突然，一切
都开始急速
膨胀

宇宙大爆炸

✳ 突然，所有的
物质和能量以快
得不得了的速度
膨胀开来！

✳ 科学家给这个
重大事件起了个
名字——宇宙大
爆炸。

✳ 宇宙大爆炸标
志着"时间"开
始流逝。

✳ 同时，宇宙大
爆炸创造了我们
所知的空间。

✳ 科学家一般认
为，宇宙大爆炸
是我们现在所知
宇宙的开端！

 这时，宇宙的温度高得离谱，并且充盈着能量

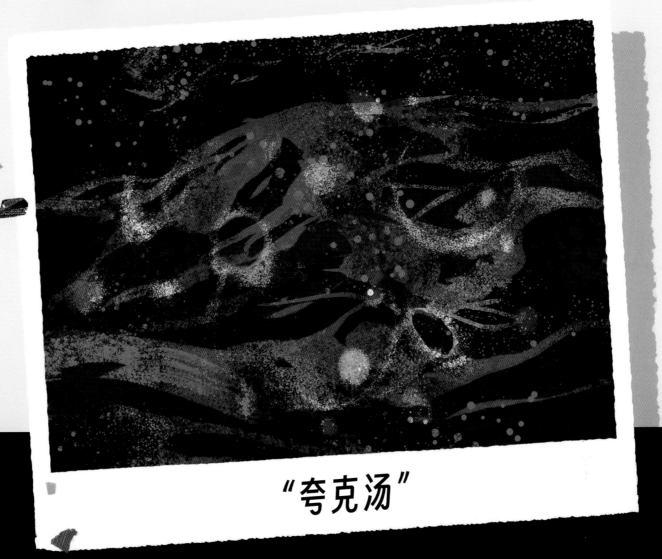

"夸克汤"

✱ 诞生之初的宇宙是一个超级炽热的能量池。

✱ 科学家把它比喻成一锅热腾腾的"夸克汤"。

✱ 他们推测宇宙当时的温度可能高达10^{26}℃！

✱ 当时，宇宙急剧膨胀，被称为"宇宙暴胀"。

✱ 这一切都发生在宇宙大爆炸后10^{-32}秒以内。

宇宙继续膨胀

宇宙膨胀

✳ 在宇宙大爆炸发生后的 10^{-32} 秒之内，宇宙急速膨胀。

✳ 它从一个原子核大小长到了太阳系大小。

✳ 大爆炸发生一秒之后，宇宙的直径已经膨胀到了10光年左右。

✳ 随着宇宙持续膨胀，它的温度不断下降。

✳ 于是，物质便有条件形成了。

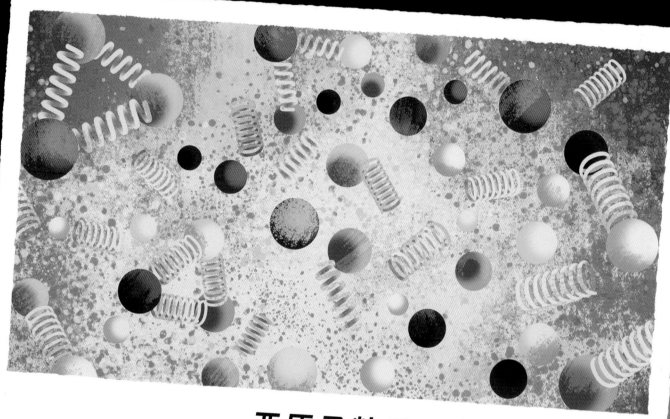

亚原子粒子

*当时，宇宙的温度仍然很高。

*"夸克汤"中充盈着能量。

*电子、夸克和胶子等亚原子粒子在这种环境中诞生了。

*迄今为止，它们是我们所知道的最小的物质。

*但是因为当时宇宙很热，这些亚原子粒子拥有很强的能量，还无法结合。

 **随着宇宙持续冷却，更多的亚原子粒子形成了**

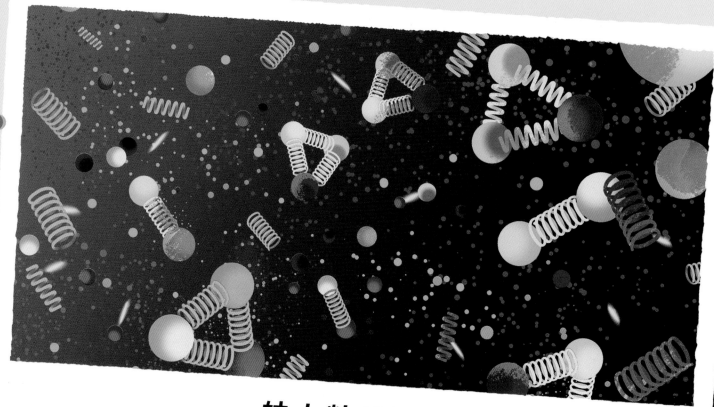

较大粒子形成

✳ 这时，距离大爆炸只过去了百万分之一秒。

✳ 宇宙膨胀的同时，也在冷却。

✳ 当温度下降到一定程度时，较大的粒子就开始形成了。

✳ 这些较大的粒子被人们称为质子或中子。

✳ 它们的个头比夸克的大很多。

8

质子是一种带正电荷的亚原子粒子

✳ 质子是宇宙中最早结合形成的粒子之一。

✳ 3个夸克通过胶子结合在一起形成1个质子。

✳ 这3个夸克分别是2个上夸克和1个下夸克。（科学家认为一共有6种夸克。）

✳ 质子是原子核的组成粒子之一。

✳ 原子核中质子的数量决定了该原子属于哪种元素。

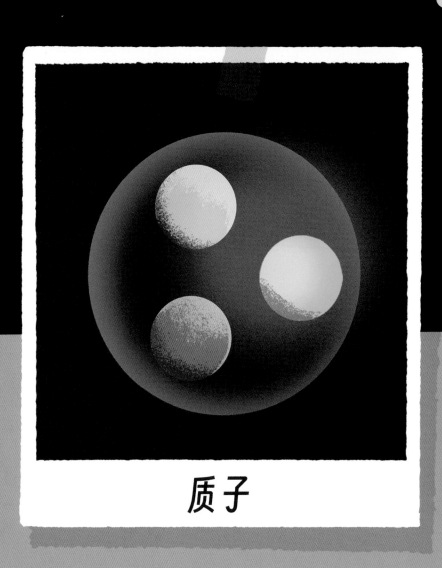

质子

9

中子是一种不带电的
亚原子粒子

中子

＊中子的质量仅比质子的大0.14%。

＊中子的结构和质子的恰好相反。

＊中子也是由3个夸克组成的，包括1个
上夸克和2个下夸克。

原子核是质子和中子的紧密结合体

原子核形成

✳ 质子和中子结合形成原子核。

✳ 原子核形成发生在大爆炸后的短短几分钟内。

✳ 与此同时，宇宙还在不断地膨胀和冷却。

✳ 下一个重大的事件就是中性原子的形成。

✳ 但这要等到大约38万年之后。

11

化学元素氢首先出现

氢 元素符号：H

＊氢是最轻的化学元素。

＊氢原子有1个质子和1个电子。

＊宇宙中氢的总质量是氦的3倍。

＊氢非常重要，它和氦合作，为恒星的诞生打下了坚实的基础。

＊氢是恒星最主要的燃料，能够为恒星的燃烧提供能量。

氦是宇宙中出现的
第二种化学元素

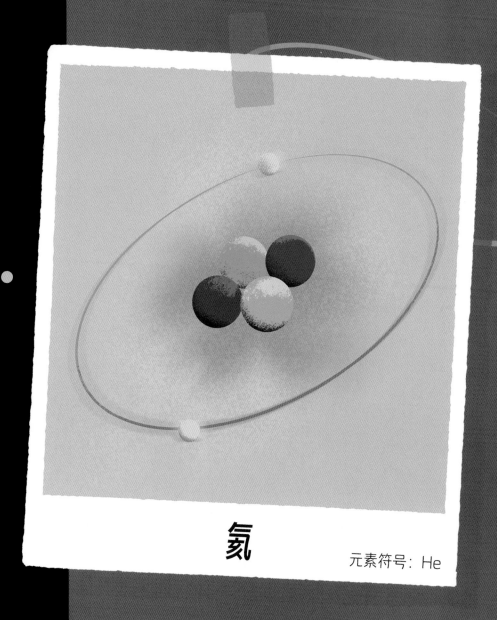

氦

元素符号：He

✴氦在常温下是
一种气体。

✴氦原子的原子
核由2个质子和2
个中子组成，核
外有2个电子。

✴氦是一种重要
的化学元素，它
是恒星的基本构
成要素之一。

✴恒星内部，氢
通过核聚变变成
氦，氦又通过核
聚变变成碳……

✴碳和氦结合形
成氧……更多的
元素产生了。

13

宇宙经过了大约38万年的冷却，
原子终于有条件诞生了

原子

✳宇宙大爆炸后约38万年，原子核成功捕获了电子，形成了中性原子。

✳所以说，原子是由质子、中子和电子3种粒子组成的。

✳原子的中心是原子核。

✳带负电的电子包围着带正电的原子核。

✳原子核极小，但却占有原子质量的绝大部分。

原子的诞生为分子的形成提供了条件

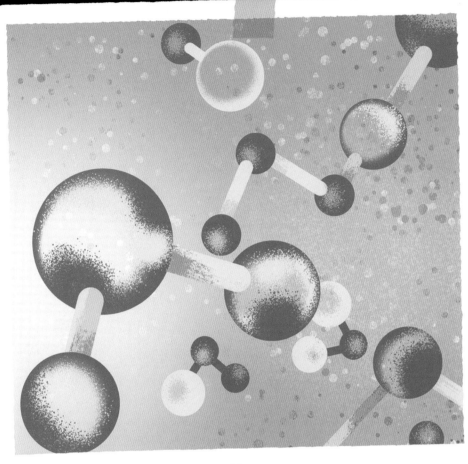
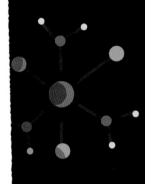
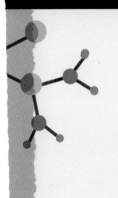

分子

✳ 原子和原子彼此结合，形成了分子，如2个氢原子和1个氧原子可以结合成1个水分子。

✳ 与氢原子和氦原子出现的时间顺序不同，氦分子的形成早于氢分子。

✳ 这是因为氦分子属于单原子分子，1个氦原子就能构成1个氦分子。

✳ 如果1个分子是由2种原子结合而成的，那么这个分子含有2种元素。

✳ 在恒星诞生之前，宇宙基本由氢和氦组成（氢约占75%，氦约占25%）。

原子云

✱ 曾经的宇宙看起来迷雾重重。

✱ 电子被原子核捕获之后，宇宙开始变得透明。

✱ 氢原子和氦原子基本上均匀地分布在宇宙中，但有些区域，暗物质比较密集。

✱ 请注意，此时的宇宙依旧黑漆漆的。

✱ 因为它还缺少一样至关重要的东西。

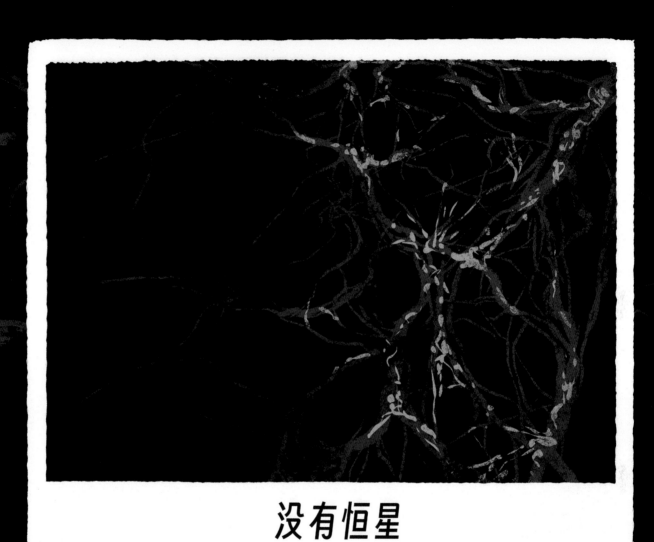

没有恒星

✱ 在诞生1亿多年之后，宇宙中发生了一些神奇的事情。

✱ 暗物质比较密集的地方成了孕育第一代恒星的绝佳场所。

✱ 氦原子、氢原子等在引力作用下坍缩、聚集。

✱ 最早的恒星终于要形成啦。

✱ 科学家普遍认为，暗物质为恒星的形成提供了条件。

 **17** 暗物质与暗能量是宇宙的一部分，虽然我们看不到它们，但它们确实存在

暗物质和暗能量

✳我们现在所能观测到的物质大约仅占宇宙整体的5%。

✳还有大约95%是我们目前还无法观测到的。

✳这些"隐身的家伙"被科学家命名为暗物质和暗能量。

✳科学家认为，宇宙不断地加速膨胀，主要归功于暗能量。

✳宇宙中的物质相互吸引，主要归功于暗物质。

最古老的恒星

✳ 在暗物质多的区域，恒星正在悄然形成。

✳ 引力使物质不断坍缩、聚集，最终形成恒星。

✳ 科学家认为，第一代恒星要比我们今天的恒星更大、更亮。

✳ 科学家还推测出，第一代恒星只存活了几百万年，然后就以超新星爆发的形式终结。

✳ 第一代恒星的寿命之所以如此短暂，是因为它们很快耗尽了用来维持生命的氢燃料。

不计其数的恒星

✳ 恒星的诞生为漆黑的宇宙带来了黎明的曙光。

✳ 直到今天，我们仍然无法确切得知宇宙中到底有多少颗恒星。

✳ 科学家估计至少有10^{23}颗恒星在广袤的宇宙中闪烁。

✳ 不过可以肯定的是，在晚上，我们抬起头就能看到许许多多的恒星。

✳ 而恒星有一项特殊的使命。

恒星制造了宇宙中几乎所有的元素

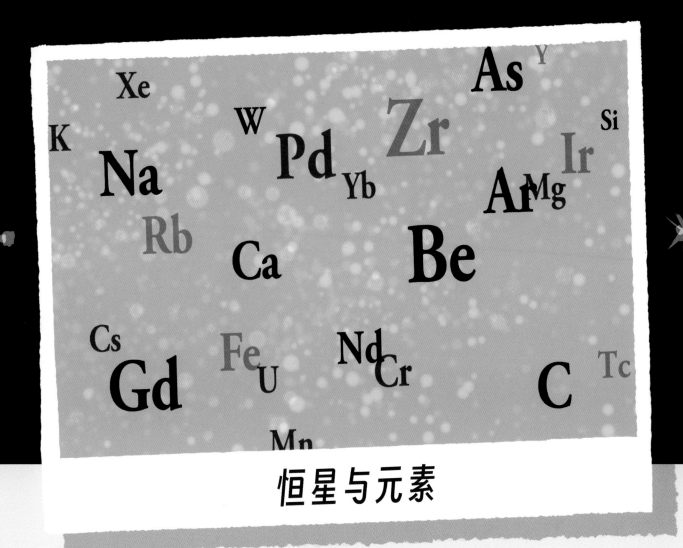

恒星与元素

✳恒星诞生标志着"恒星时代"的开始。

✳恒星死亡时，会把它制造的那些较重的元素抛向太空。

✳其中一些元素会形成行星。

✳如今，科学家已经发现和人工合成了多达118种元素。

✳他们将这些元素按规律排列，并将形成的表称为元素周期表。

 **气体云和暗物质是星系诞生的起点**

恒星组成星系

✴在气体云和暗物质的帮助下，恒星聚集成团，形成星系。

✴气体云的一部分坍缩，形成新的恒星。

✴恒星受引力的作用，聚集在一起，就形成了恒星群。

✴同样在引力的作用下，恒星群又聚集在一起。

✴最终，巨大的天体系统——星系诞生了。

第一代星系

✳科学家认为，第一代星系的规模可能比如今的星系小得多……

✳颜色可能也更加湛蓝。

✳在最早诞生的星系中，新恒星形成的速率要比现在的星系快。

✳几乎每一个星系的中心，都存在一个非常巨大的黑洞。

✳另外，星系也不会一直待着不动，而是在不断地运动着！

随着时间的推移，宇宙中诞生了数万亿个星系，它们彼此吸引，形成星系团

✳ 引力使星系相互吸引，形成了包含几十乃至几千个星系的星系团。

✳ 星系团的宽度可达数亿光年！

✳ 阿贝尔1689星系团距离我们有22亿光年。

✳ 科学家认为，以前星系团成员之间的距离要比现在的大得多。

✳ 有时候，星系团之间还会相互碰撞。

星系与星系团

 宇宙中的星系形状各异

星系的形状

✳ 科学家一般用天文望远镜来观察宇宙中的星系。

✳ 星系的形状可以说是千奇百怪。

✳ 椭圆星系是圆形或椭圆形的。

✳ 不规则星系则没有什么固定的形状。

✳ 而我们最为熟悉的星系就是……

银河系是宇宙数
万亿星系大家庭
中的一员

银河系

*银河系就是地球所在的星系。

*俯瞰银河系，它就像一个大大的旋涡，类似于银河系的星系被称为旋涡星系。

*银河系有4条螺旋状的旋臂和一个近似球状并且位于中心区域的银晕。

*科学家认为，4条旋臂是年轻恒星的聚集处。

*那些年老的恒星主要集中在银晕里。

星系相撞

✳引力不断将银河系与其他星系拉近，直到它们发生碰撞。

✳就这样，银河系吞并了许许多多的星系……

✳逐渐演变成了我们今天所看到的样子。

✳银河系内碰撞造成的"涟漪"促使了新恒星的形成。

✳科学家还能观测到星系相撞的奇观呢！

银河系在宇宙中穿梭,
中心还有一对巨大的气泡状的结构

"气泡"与暗晕

✳如今,科学家可以借助天文望远镜来探索更多银河系的奥秘。

✳他们观测到,银河系有一对由高温气体组成的"气泡"。

✳这对神秘"气泡"是从银河系的中心"冒"出来的。

✳银盘外侧,还有一个叫作暗晕的结构。

✳暗晕的存在是科学家间接推测出来的,我们目前还无法直接观测到它。

 **28** 银河系的中心有一个巨大的黑洞

银河系中心

群星璀璨

＊银河系中的恒星之间大多远隔数万亿千米。

＊大部分恒星都有围绕自身运行的行星。

＊由此推测，银河系中可能也相应地存在数千亿颗行星。

＊另外，科学家已观测到数千亿个河外星系（银河系之外的所有星系）。

＊在大多数河外星系中，又有几十亿至上万亿颗恒星。

30 恒星表面的温度决定它的颜色

恒星的颜色

✳ 有的恒星要比其他恒星看起来更加明亮耀眼。

✳ 恒星的明暗程度主要取决于它本身所产生能量的大小，以及它与观测者之间的距离。

✳ 事实上，当恒星处于非常炽热的状态时，它就会呈现出白色或蓝色。

✳ 温度稍低的恒星则呈现出橙色或红色。

✳ 当其中一些恒星走到生命的尽头时，就会暗淡下来。

恒星的一生

＊恒星诞生在由氢、氦和尘埃等组成的星云中。

＊恒星演化初期叫作原恒星。之后原恒星继续坍缩，并变得越来越热。

＊当原恒星核心的温度高到一定程度，核聚变就会被"点燃"！

＊氢聚变产生了氦，这一过程让恒星光芒万丈。

＊像太阳一样的恒星的寿命通常可以达到上百亿岁呢！

 **32** 一些中等质量的恒星到了晚年，
会变成白矮星

白矮星

✳ 每当恒星燃烧完自身核心的氢时，它的生命就开始走向终结。

✳ 一些中等质量恒星的核心区会因为缺少氢而坍缩，但是外部急剧膨胀，变成红巨星。

✳ 红巨星继续燃烧核心区外部的氢，为自己提供能量。

✳ 一旦剩下的燃料被消耗光了，红巨星就会将自身最外层的物质全部撒向太空。

✳ 炽热的内核在之后的几十亿年间逐渐冷却，最终成为白矮星。

33

**大质量恒星发生超新星爆发，
发出耀眼夺目的光芒**

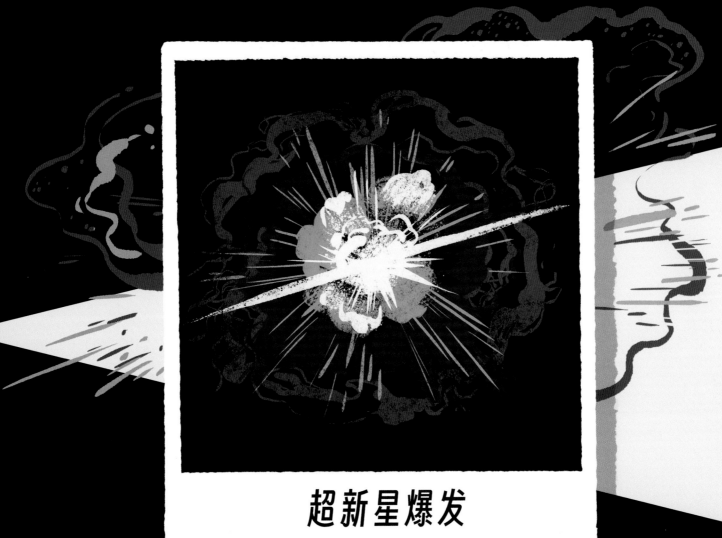

超新星爆发

✳ 宇宙中一些质量很大的恒星有着神奇的本领。

✳ 大质量恒星死亡时，会发生恢宏壮丽的超新星爆发。

✳ 当这些恒星耗尽燃料时，其内核在引力作用下会以惊人的速度向内部坍缩……

✳ 然后促使恒星来一次非常华丽的大爆炸，恒星外部的物质会被强大的爆发力甩向太空。

✳ 如果恒星的内核能在超新星爆发中幸存下来，可能会形成超致密的黑洞。

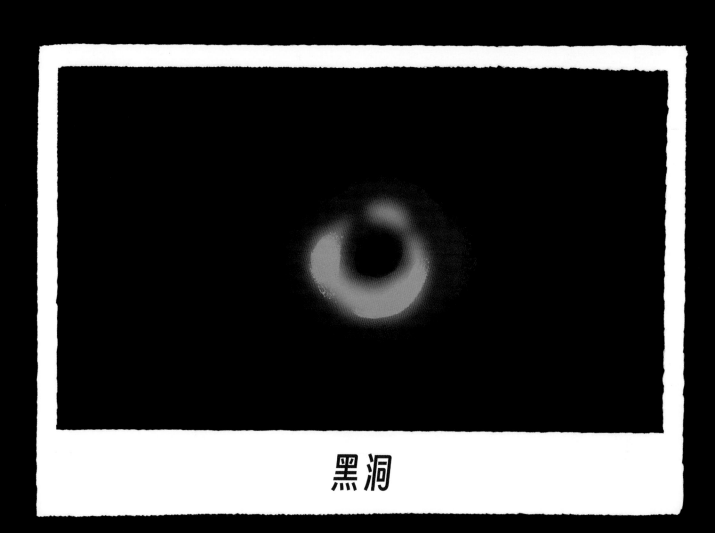

黑洞

* 并不是所有的黑洞都如同银河系中心的黑洞那样巨大……

* 有些黑洞的个头要小一些。

* 由大质量恒星坍缩所形成的黑洞被称作"恒星级黑洞"。

* 比恒星级黑洞大一些的"中等质量黑洞"碰撞产生的引力波已经被探测到了。

* 宇宙大爆炸时期产生的黑洞被科学家称为"原初黑洞"。

 **恒星的不断产生让银河系悄悄地发生变化**

尘埃、气体和恒星

✳ 随着时间的流逝，银河系发生了变化。

✳ 当新的恒星形成时，它的周围还会剩下许多尘埃和气体。

✳ 恒星利用自身引力把这些尘埃和气体束缚在自己的周围。

✳ 这些尘埃和气体开始围绕着恒星一边旋转，一边聚集，最终形成了新的天体。

✳ 这些新的天体就是我们熟悉的行星、卫星等。

太阳由一块旋转着的超大云团坍缩而成

太阳诞生前

✻这块诞生了太阳的原始星云是由气体和尘埃组成的。

✻在引力的作用之下，星云开始逐渐坍缩……

✻并变得扁平，就好像一个旋转的圆盘。

✻在变得扁平的过程中，物质都被引力拉向星云的中心。

✻接着，就到了关键的一步……

对地球最重要的恒星诞生了

太阳的诞生

✳星云中的大部分物质在引力的拉扯下，聚集到了一起……

✳最终在大约46亿年前，形成了一颗原恒星。

✳这颗原恒星不断吸收物质，温度也逐渐升高。

✳高温促使原恒星的内部发生了核聚变。

✳就这样，在旋转着的扁平的气体尘埃盘中心，太阳诞生啦！

 这颗炽热的等离子体球就是太阳

太阳

✳ 太阳的质量很大，所以它的引力也很大。

✳ 太阳的引力牵引着八大行星环绕着它运行。

✳ 太阳也在不断地自转。

✳ 太阳是距离地球最近的恒星。

✳ 太阳的个头非常大，大约相当于130万个地球！

太阳中最丰富的元素是氢

核反应区

辐射区

对流层

光球

色球

日冕

太阳的结构

✴太阳中心丰富的氢通过核聚变变为氦。

✴核聚变能够产生大量的能量，使太阳发出耀眼的光芒。

✴太阳表面温度高达6 000 ℃，中心温度足足有 1.57×10^7 ℃！

✴我们用肉眼看到的一般是太阳的光球，它由等离子体组成。

✴日冕会不断向外抛射物质。

太阳系

* ✳ 太阳诞生后，还有一些残余的物质分散飘浮在太阳的周围。

* ✳ 引力使这些物质聚集并形成了新的天体，例如八大行星。

* ✳ 引力同样也使这些天体环绕太阳运行。

* ✳ 我们将太阳和围绕太阳运行的天体所构成的系统称为太阳系。

* ✳ 要注意的是，八大行星各自的构成物质是不一样的。

水星

地球

木星

土星

天王星

金星

火星

海王星

八大行星

* 距离太阳较远的4颗行星是木星、土星、天王星和海王星。

* 这4颗行星主要由气体构成。

* 木星和土星被称为巨行星，天王星和海王星被称为冰巨星。

* 靠近太阳的4颗行星要更小一些，有由岩石构成的固体表面。

* 这4颗较小的行星自转较慢，卫星也少。它们是水星、金星、火星和地球。

42 地球是人类的家园

地球

✳地球是距太阳由近及远的第三颗行星。

✳地球没有美丽的行星环，形状也不是一个完美的球形。

✳在地球的地壳下，有翻滚着的炽热岩浆。

✳地球的表面覆盖着大量的水。

✳根据我们目前所了解到的，地球是八大行星中唯一存在生命的行星。

 **43** 木星是太阳系中
体积最大的行星

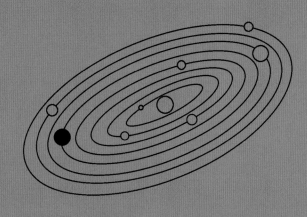

木星

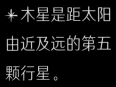

*木星是距太阳
由近及远的第五
颗行星。

*木星的体积和
质量都很大。它
的质量大约是其
他7颗行星质量
总和的2.5倍。

*八大行星中，
木星表面的重力
是最大的。

*我们无法站在
木星上，因为它
主要是由气体构
成的。

*科学家猜测，
木星的内核是岩
石，但他们还无
法透过它的表面
去一窥究竟。

 木星表面有着绚丽的条纹和旋涡

条纹和旋涡

＊木星的表面遍布五彩斑斓的条纹和旋涡。

＊绚丽的条纹和旋涡实际上是不同的气体化合物在不同高度形成的不同状态、不同颜色的云。

＊最引人瞩目的是，木星上有一块非常独特的标记——大红斑。

＊这块斑状物其实是一个超级大的风暴。

＊人类早在17世纪就已观测到这个风暴了！

45

土星是太阳系中体积
第二大的行星

土星

✴土星的大气层由氢、氦、甲烷以及少量的氨等组成。

✴土星是距离太阳由近及远的第六颗行星，体积在八大行星中排第二。

✴土星的赤道直径大约是地球的9.45倍。

✴土星的卫星数量众多，目前已经被科学家确定了104颗！

✴土星上一天仅有约10个小时。

土星周围环绕着美丽的土星环

土星环

✳土星环是由无数小到几微米、大到数米的颗粒组成的。

✳这些颗粒中大多数都是冰块，可以反射阳光，这使土星环看起来非常明亮。

✳土星环主要由7条细环组成。

✳科学家用英文字母中的前7个字母，即A~G来命名土星环。

✳土星环中，最靠近土星的是D环，最明亮的是B环。

 **47** 天王星是太阳系中唯一"躺着"自转的行星

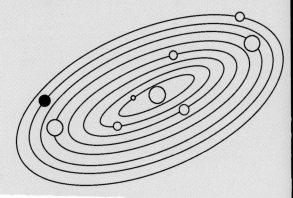

天王星

✳ 这颗美丽的蓝绿色星球非常寒冷，表面温度约为零下200℃。

✳ 天王星的中心可能是岩石，其余部分主要由液体和气体组成。

✳ 天王星有27颗卫星。

✳ 天王星的赤道直径约是地球的4倍。

✳ 天王星会"躺着"自转，可能是因为与别的行星发生了撞击。

冰巨星

＊因为天王星的大气中含有大量的冰，所以被称作"冰巨星"。

＊天王星流动的大气中含有大量甲烷，这使得这个星球整体呈现出蓝绿色。

＊在天王星的周围也环绕着许多条行星环，但它们的亮度都比较微弱。

＊在这些行星环中，最外环的颜色是蓝色，内环则是灰色的。

＊这些行星环的宽度可以达到数十千米。

49 海王星是太阳系中距离
太阳最远的行星

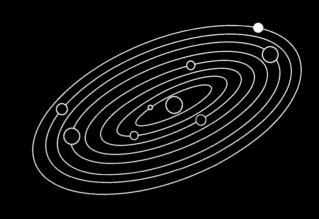

海王星

✳海王星也是一
颗冰巨星。

✳海王星之所以
呈现出蓝色，也
是因为其大气中
流动着甲烷。

✳海王星的表面
非常昏暗，这是
因为它离太阳实
在太远啦！

✳海王星的赤道
直径约是地球的
3.9倍。

✳海王星拥有14
颗卫星。

50

强烈的风暴围绕着海王星呼啸

超强风暴

∗ 海王星上的风暴是八大行星中最猛烈的。

∗ 风暴风速能达2 200千米/时！

∗ 海王星的南半球有一个巨大的风暴系统，被称作"大暗斑"。

∗ 海王星和地球一样，也有季节的变化更替。

∗ 只不过在海王星上，每个季节长达40多年！

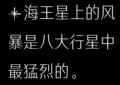

51

金星是太阳系中最热的行星，
表面温度大约有464℃

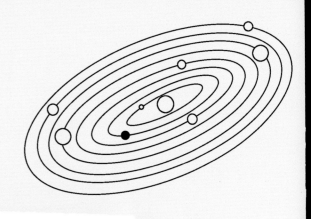

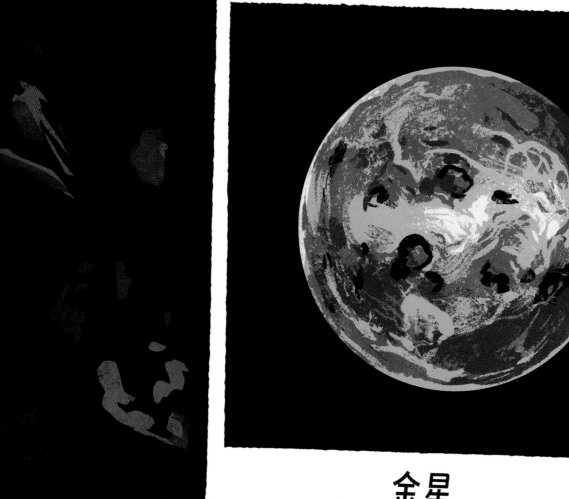

金星

✳金星上的一天比它的一年还要长，这是因为它的自转比公转更加缓慢。

✳金星被有毒的云层（硫酸云）笼罩着。

✳金星没有卫星做陪衬，也没有行星环做装饰。

✳金星的体积和地球的相近。

✳金星自转的方向和其他行星的相反，是自东向西的。

52 金星上火山林立，熔岩遍地

金星表面

✳ 金星上的火山星罗棋布，可能有数万座。

✳ 金星表面的大气压非常强，约是地球的90倍，这让生命无法在金星上生存！

✳ 厚厚的云层吸收了太阳光中的大部分蓝光，反射了黄光。

✳ 这种特殊的大气条件使金星上的沙漠、岩石等看起来几乎都是橙黄色的。

✳ 金星上还有许多顶部平坦、四周陡峭的穹丘。

53

火星是距太阳由近及远的
第四颗行星

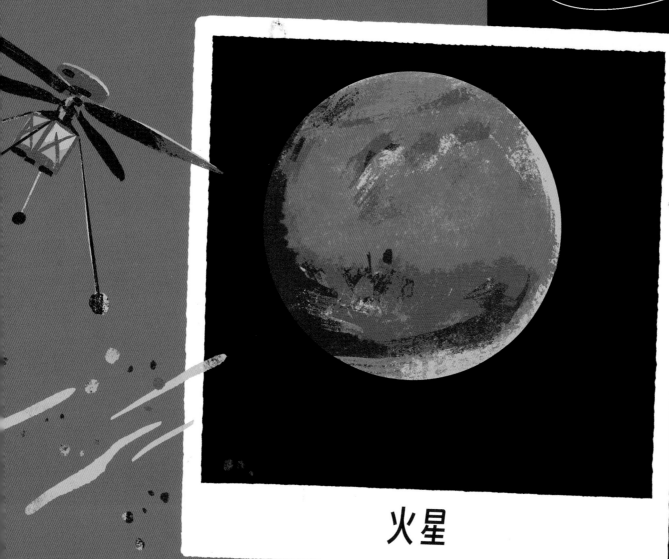

火星

✳科学家对火星的了解要稍多于除地球外的其他行星。

✳火星的表面分布着沙漠，而且夜间非常寒冷。

✳火星的赤道直径大概只有地球的一半。

✳火星上的一年大约相当于地球上的两年。

✳火星还有两颗长得像土豆的卫星小伙伴。

54

火星表面布满了红色的土壤

红色星球

✳ 在火星的表层土壤中含有大量的氧化铁，这使火星披上了红色的"外套"。

✳ 有时候，大风会将红色的尘土高高卷起，形成沙尘暴。

✳ 沙尘暴的威力十足，可以席卷整个火星。

✳ 太阳系中最高的火山——奥林帕斯山脉，就矗立在火星上。

✳ 科学家在火星表面发现了河床和水道，这说明火星曾经有水。

55

水星绕太阳公转的速度是
八大行星中最快的

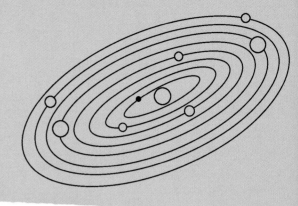

水星

✻水星是太阳系中当之无愧的公转速度之王，绕太阳一圈只需要88天。

✻水星的体积在八大行星中是最小的，甚至还不如一些卫星大。

✻水星是距离太阳最近的行星。

✻水星上被阳光照射的一面酷热无比，温度高达430℃……

✻而背对着太阳的一面又极度寒冷，温度低至零下180℃以下！

56

水星是一颗岩石行星，
表面布满了陨石坑

岩石星球

✳水星看上去和
月球很像，表面
也有大量的环形
山和陨石坑。

✳流星体和彗星
撞向水星，在水
星的表面砸出了
一个又一个大大
小小的陨石坑。

✳在目前已被命
名的418座环形
山中，有21座是
以中国人的名字
命名的。

✳因为离太阳很
近，本身质量又
很小，所以只有
些许暂时被水星
截留的太阳风粒
子构成水星极其
稀薄的大气层。

✳水星的周围没
有卫星小伙伴与
它做伴。

地球绕着地轴自转

地球自转

✳地球自转一周需要花费23小时56分钟。

✳地球自西向东自转，所以我们看到太阳每天东升西落。

✳因为地球是不透明的，所以阳光只能照亮地球的一半。

✳地球一直绕地轴自转，昼夜也就不断地更替。

✳地球一直在运动着，幸亏我们被引力吸在地面上，才不会飘入太空。

58

和太阳系中其他行星环绕着太阳运转一样，地球也在绕着太阳运转

地球公转

✳ 地球的公转方向和自转方向是一样的，都是自西向东。

✳ 地球绕太阳跑一圈需要365.25天，因此我们一年有365天。

✳ 每隔3年我们会在当年加上1天，这年被我们称为"闰年"。

✳ 地球公转使地球表面受太阳照射的情况发生变化，从而产生四季的交替。

✳ 地球上当北半球是夏季时，南半球是冬季。

59 科学家认为，月球可能是地球和另一颗行星相撞的产物

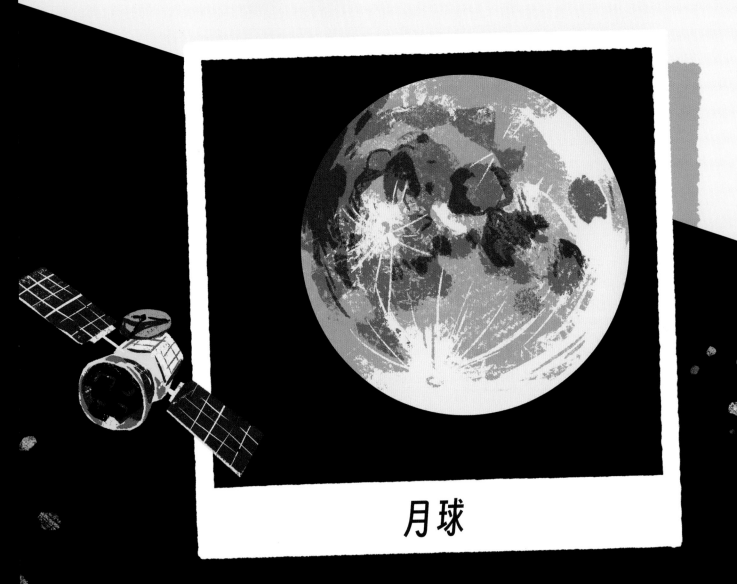

月球

★目前科学家也不能百分之百确定月球到底是怎样形成的。

★他们猜测可能是由于地球和另一颗行星发生了撞击。

★有可能是引力将撞击事件产生的残骸聚拢到一起，继而月球诞生了。

★月球的自转周期和它绕地球转动的周期相等，所以它永远以同一面对着地球。

★月球表面没有像地球一样的大气圈，人在月球上无法呼吸。

仔细观察，月球表面布满了大大小小的陨石坑

月球表面

✳ 除地球外，月球是太阳系中人类唯一踏足过的自然天体。

✳ 月球表面的陨石坑是小行星、流星体、彗星等天体曾经到访的足迹。

✳ 月球表面的一些坑洞和凸起，也是火山爆发的产物。

✳ 这些几十亿年前就爆发过的火山，现在已经变成了死火山！

✳ 航天员们先后登上月球，采集月球土壤，就是为了探索月球更多的奥秘。

太阳系中还有除月球以外的其他许多卫星

卫星

✳截至目前，太阳系中被确认的卫星数量已经超过200颗。

✳每颗卫星都是独一无二的，它们形状各异、大小不等。

✳有的卫星地下深处甚至藏着一片浩瀚的海洋。

✳木星目前已证实的卫星竟然多达95颗！

✳水星和金星没有卫星。

62

木卫三是太阳系中
最大的卫星

木卫三

63

木卫一也是木星的众多
卫星之一

木卫一

✳木卫一是距离
木星最近的一颗
卫星，它绕木星
运行的周期只有
42.5小时。

✳木卫一上散布
着几百座活跃的
活火山。

✳滚烫的岩浆不
断地从火山口喷
出，这意味着木
卫一上非常热！

✳火山的喷发使
木卫一的表面布
满了熔态硫，这
使得这颗星球看
起来色彩斑斓。

✳木卫一的个头
略大于月球的。

64

土卫二是绕着土星
运行的一颗冰冷的
小卫星

土卫二

* 土卫二表面的
间歇冰泉中，会
喷射出冰粒及水
蒸气。

* 土卫二被冰覆
盖，就像穿着一
件"冰盔甲"。

* 土卫二的南极
附近有很多条裂
缝，被称作"虎
皮纹"。

* 土卫二表面至
少存在5种不同
的地形。

* 土卫二上还存
在稀薄的大气。

65

土卫六是土星众多卫星中最大的一颗

土卫六

＊土卫六是太阳系中体积第二大的卫星，仅次于木卫三。

＊土卫六有厚厚的大气层，地表分布着由液态甲烷构成的"湖"和"海"。

＊土卫六的大气主要由氮组成。

＊土卫六的环境与早期地球环境比较相似，科学家由此推断，土卫六很有可能孕育出生命。

＊当然，事实究竟如何，我们还要继续探索。

66 土卫八长着一张"阴阳脸"

土卫八

* 土卫八是土星的第三大卫星。

* 和月球总是以一面面对地球一样，土卫八也总是以同一面面对土星。

* 土卫八的一面暗淡，另一面明亮，被称为"阴阳脸"。

* 土卫八的"阴阳脸"之谜至今困扰着科学家！

* 土卫八的赤道处还有一条非常高大的山脊，这让它看起来像一个核桃。

67

矮行星的形成过程和八大行星的一样

矮行星

* "矮行星"这一术语是在2006年才出现的。

* 矮行星绕太阳公转，有的矮行星有围绕自身运行的卫星。

* 矮行星的个头和质量比八大行星的小。

* 矮行星的质量较小，没有足够的引力清空自身运行轨道附近的天体。

* 到目前为止，科学家已经在太阳系中发现了5颗矮行星。

谷神星是太阳系中被正式确认并命名的
5颗矮行星之一

谷神星

✳谷神星位于火星和木星之间的小行星带上。

✳科学家曾将谷神星定义为小行星，但在2006年重新将它定义为矮行星。

✳谷神星上布满了流星体、彗星等天体到访后留下的陨石坑。

✳谷神星上有水资源，这就意味着它上面可能有生命的存在。

✳所以谷神星也成了科学家探索地外生命的优选对象！

冥王星曾经也是行星,
但在2006年被归为了矮行星

冥王星

✳冥王星曾被列为太阳系的第九大行星。

✳2006年,科学家根据新的行星认定标准,把冥王星归入了矮行星家族。

✳这颗奇妙的星球因为离太阳太远,所以其表面覆盖着一层氮冰外壳。

✳冥王星是柯伊伯带上最明亮的天体。

✳美国发射的新视野号探测器是人类首个造访冥王星的探测器。

70

冥卫一是冥王星最大的卫星

冥卫一

* 冥卫一被称为卡戎，是在1978年被发现的。

* 冥卫一距离冥王星大约19 000千米。

* 冥卫一的直径大约是冥王星的一半，质量大约是冥王星的八分之一。

* 科学家曾想将冥卫一归为矮行星，与冥王星组成"双矮行星系统"，不过这一建议未被采纳。

* 冥王星还有另外4颗卫星，分别是冥卫二、冥卫三、冥卫四、冥卫五。

冥王星位于柯伊伯带上

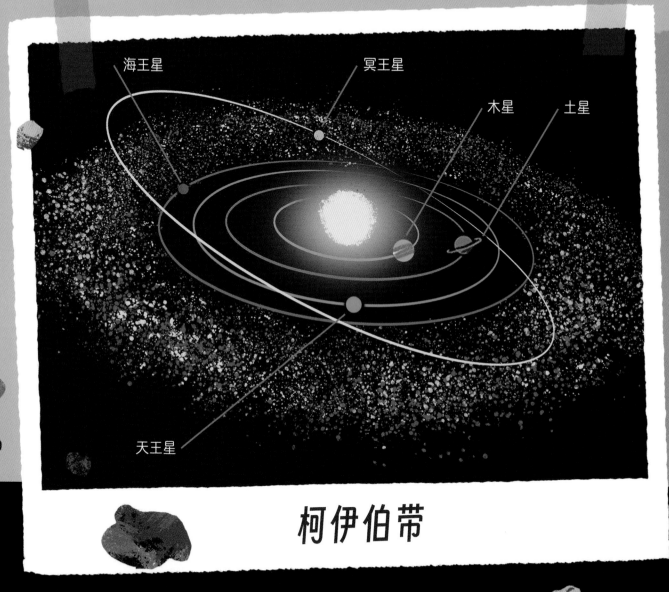

海王星　　　　　　冥王星　　　　　　木星　　土星

天王星

柯伊伯带

✳柯伊伯带是存在于海王星轨道外侧的一个环状区域。

✳柯伊伯带像个厚厚的甜甜圈，其中散布着无数个以冰雪为主要成分的小天体。

✳柯伊伯带上的天体可能是太阳系形成过程中的残留物。

✳科学家认为，柯伊伯带是太阳系中大多数彗星的"产房"。

✳冥王星、鸟神星、阅（xì）神星和妊神星都在柯伊伯带中。

72

鸟神星是比冥王星
个头稍小的矮行星

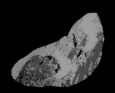

鸟神星

✳鸟神星表面温
度极低，大约只
有零下239℃！

✳鸟神星是柯伊
伯带上第二亮的
天体。

✳鸟神星没有行
星环做装饰。

✳鸟神星只有1颗
卫星。

✳鸟神星离我们
实在太遥远了，
我们对它的卫星
了解得还不多。

妊神星也是一颗矮行星

妊神星

✴妊神星有2颗卫星：妊卫一和妊卫二。

✴科学家认为，妊神星的岩石核心上包裹着厚厚的冰层。

✴妊神星的自转速度特别快，这使它的长度几乎是宽度的两倍。

✴妊神星自转速度这么快的原因还无从得知。

✴但值得注意的是，妊神星拥有一条行星环！

阅神星

＊阅神星的质量比冥王星的稍微大一些。

＊因为距离我们太远，阅神星一直到2005年才被科学家发现。

＊阅神星的表面可能覆盖着大量的甲烷冰。

＊阅神星绕太阳运转一圈需要花费559年。

＊阅卫一是目前发现的阅神星的唯一一颗卫星。

彗星是由气体、石块和尘埃等组成
的"长发星星"，它们绕太阳运行

✳大多数彗星形成于太
阳系边缘的寒冷地带。

✳彗星的彗核直径可能
只有几千米，但彗尾却
可以绵延数千万千米甚
至上亿千米！

✳彗尾由非常稀薄的尘
埃和气体组成，形状像
把扫帚。

✳公元前11世纪，中
国已经有了彗星的观测
记录。

✳彗星常以它的发现者
或对它有重大研究贡献

彗星

小行星是绕着太阳公转的一种小天体

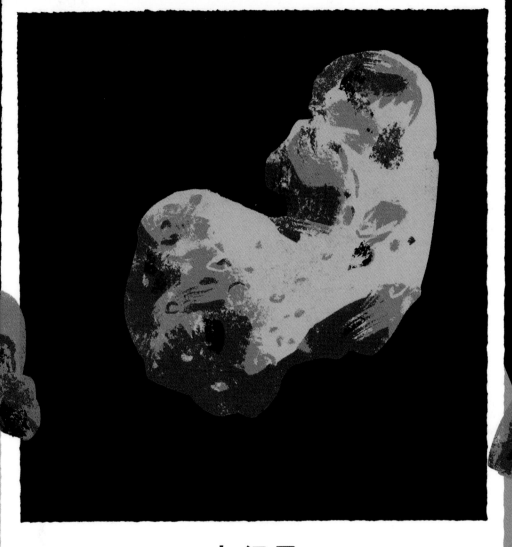

小行星

✳小行星的体积和质量比行星的小得多。

✳小行星可能是太阳系形成时遗留下来的物质。

✳小行星的形状稀奇古怪，非常不规则。

✳火星和木星的轨道之间，有一条由小行星组成的小行星带。

✳小行星相撞后掉落的碎屑会成为流星体。

77 流星体进入地球大气层后，就会"华丽变身"，成为流星

流星

✳ 流星在地球的大气层中呼呼燃烧，"嗖"的一下划过天空。

✳ 当你仰望天空时，如果看见了星星一闪而逝，那很有可能是一颗流星。

✳ 有时候你甚至可以观赏到被称为"流星雨"的奇观。

✳ 流星雨就是成群的流星同时进入大气层。

✳ 当流星雨出现时，会在夜空中留下一道道美丽耀眼的弧线，仿佛下雨一般。

78 落到地球表面上的流星体的残骸叫作陨星，又称"陨石"

陨石

✳ 很可能是一次天体撞击地球事件，让恐龙从地球上消失了。

✳ 不过，一般情况下，落在地球上的陨石是不会很大的！

✳ 根据不同的化学成分，陨石可以分成石陨石、铁陨石和石铁陨石三大类。

✳ 科学家估计，每年约有500颗陨石落到地面。

✳ 经研究发现，陨石里竟有上亿年前的物质，说不定藏着太阳系形成的秘密！

79

地球在诞生之初发着
"高烧"，酷热无比

✴ 地球刚诞生时，完全没有现在的
鸟语花香。

✴ 地球起初看起来和现在的金星、
火星很像。

✴ 当时的地球表面到处都是岩浆，
酷热无比。

✴ 金属在炽热的环境中熔化，下沉
到地球中心，逐渐形成地核。

✴ 来自太空的其他天体，如彗星、
小行星等把地球撞击得千疮百孔！

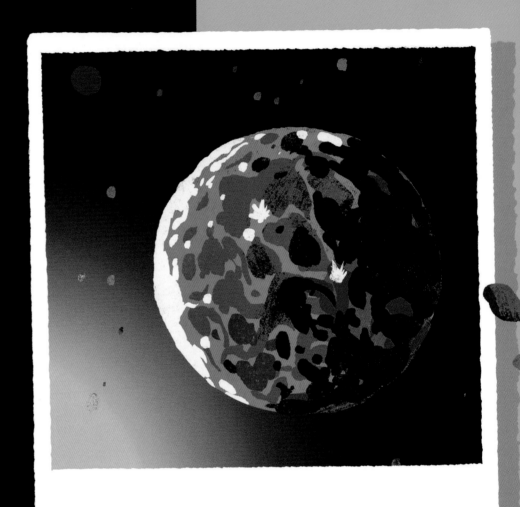

早期地球

地球的大气圈

* 地球早期剧烈又频繁的火山喷发将大量气体从地下释放出来。

* 这些气体在引力的作用下围绕在地球周围，逐渐形成大气圈。

* 大气圈可以有效减少宇宙线和一些小天体对地球的伤害。

* 起初，大气圈中并没有可供我们呼吸的氧气。

* 之后，地球上神奇地演化出了可以制造氧气的蓝细菌，之后又有了臭氧。

81

地球内部可以分为
地核、地幔和地壳
3层

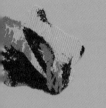

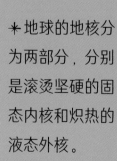

地幔

地壳

外核

内核

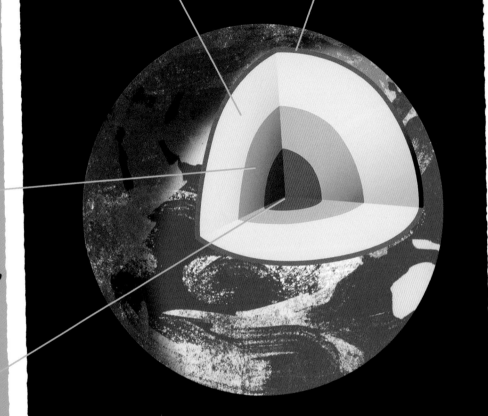

地球内部结构

✳ 地球的地核分为两部分，分别是滚烫坚硬的固态内核和炽热的液态外核。

✳ 地幔分为上地幔和下地幔。软流圈存在于上地幔，被认为是岩浆的发源地。

✳ 地壳是地球的最外层，人类生活在地壳上面。

✳ 上地幔顶部与地壳都由坚硬的岩石组成，合称岩石圈。

✳ 地球上的板块不断活动，形成了火山和山地等不同的地貌。

火山喷发带出的水蒸气使地球上有了最初的海洋

地球上的水

✳地球上的水资源大部分早就蕴藏在地球的"原材料"中了。

✳火山喷发使地下的水蒸气被释放了出来。

✳水蒸气冷却之后变成水，再以降水的形式落到地面。

✳最终地球上累积了大量的水，渐渐形成海洋。

✳有观点认为，那些曾到访地球的彗星、小行星等也将一部分水带到了地球。

83

地球上的生命起源于海洋

地球上生命的诞生

✳ 地球是我们目前所知太阳系中唯一有生命存在的星球。

✳ 单细胞原核生物首先在海洋中出现，标志着生命的诞生。

✳ 蓝细菌等原核生物制造出了氧气，于是地球上慢慢有了充足的氧气。

✳ 大气成分的变化促使更复杂的多细胞生物逐渐演化出来。

✳ 在之后的漫长岁月中，生物不断地往更复杂的方向演化。

地球遭遇了一次大冰期，大部分生命销声匿迹

大冰期

✳ 大约在4.4亿年前，地球经历了一次大冰期，许多生物走向了灭绝。

✳ 不过，还是有生物在大冰期中幸存了下来，例如三叶虫。

✳ 和三叶虫一起生活在大海中的还有其他生物，如棘鱼。

✳ 另外，海洋生物也勇敢地闯入了陆地。

✳ 到了大约2.4亿年前，恐龙开始称霸地球，直到有一天……

小行星撞击地球

✳大约6 600万年前，小行星撞击引发的冲击波席卷地球。

✳海浪从大海中一跃而起，扑向陆地。

✳特大地震将森林夷为平地，野火肆虐。

✳岩石从空中高高落下，灰尘遮天蔽日。

✳蛇颈龙、翼龙和恐龙等许多动物就这样从地球上销声匿迹了。

暗无天日的地球

✳地球被掩埋在小行星撞击地球所产生的厚重尘埃中。

✳世界陷入了长时间的黑暗。

✳但有一些爬行动物、昆虫和哺乳动物等幸存了下来。

✳在接下来的漫长岁月里，这些哺乳动物中的某支系慢慢进化成了人类……

✳正是现在研究宇宙的人类！

 人类在地球上繁衍生息，
并探索宇宙奥秘

人类研究宇宙

✳人类目前只生活在地球上，但研究宇宙已经有几千年了。

✳我们把研究天体及天体运行规律的科学家称作天文学家。

✳从古至今有许多为人类做出贡献的天文学家，如泰勒斯、伽利略、开普勒等。

✳中国同样有许多杰出的天文学家，如元代的郭守敬、现代的戴文赛等。

✳天文学家已经发现了宇宙的许多奥秘，如宇宙还在加速膨胀。

88 人类不断创造机会去探索太空

太空计划

＊苏联、美国和中国是自行将航天员送入太空的前三个国家。

＊苏联杰出的航天员尤里·加加林是第一位进入太空的人类。

＊艾伦·谢泼德是第一位进入太空的美国人。

＊杨利伟是第一位进入太空的中国人，他乘坐的是"神舟五号"宇宙飞船。

＊动物们也曾经进入太空，包括流浪狗莱卡，还有兔子、蜘蛛、水母等。

89

美国航天员尼尔·奥尔登·阿姆斯特朗成为登月第一人

✳尼尔·奥尔登·阿姆斯特朗乘坐"阿波罗11号"宇宙飞船飞向太空，成为登月第一人！

✳紧随阿姆斯特朗登上月球的是巴兹·奥尔德林。

✳当时两人在月球表面活动了两个半小时，采集了月岩和月壤。

✳他们觉得月球表面的物质是纤细的粉末状，有点像木炭粉。

✳之后，他们顺利返回地球，并降落在了太平洋上。

人类登月

瓦莲京娜·捷列什科娃是首位女航天员

首位飞入太空的女性

✳瓦莲京娜·捷列什科娃是第一位成功飞入太空的女性。

✳1963年，捷列什科娃驾驶"东方6号"飞船，在太空中绕地球飞行了将近3天。

✳为了纪念捷列什科娃做出的贡献，月球背面的一座环形山以她的名字命名。

✳随后，越来越多的女性积极投身于航天事业。

✳刘洋是中国首位进入太空的女航天员，王亚平是中国首位入驻中国空间站的女航天员。

空间望远镜

✳ 人们可以利用空间望远镜将太空看得更清楚。

✳ 空间望远镜弥补了地面观测的不足，帮助天文学家解决了许多难题。

✳ 哈勃空间望远镜拍摄了许多精美绝伦的照片以供人们研究。

✳ 哈勃空间望远镜是以天文学家埃德温·哈勃的名字命名的。

✳ 如今，又有其他空间望远镜被发射升空，如美国的詹姆斯·韦布空间望远镜。

92 航天员第一次在太空中漫步

太空漫步

✳阿列克谢·列昂诺夫是第一位在太空中行走的航天员。

✳在列昂诺夫漫步太空时，航天服不断膨胀，以致在返回时卡在了飞船舱口……

✳幸运的是，他成功地给航天服进行了减压，最终挤进了飞船。

✳为了防止被吸入太空，列昂诺夫在太空中漫步时，还需要用一根绳子把自己系在飞船上。

✳而美国航天员布鲁斯·麦坎德利斯借助喷气式背包，实现了太空自由漫步。

93

航天员现在可以在太空中生活啦

✳ 国际空间站由美国、俄罗斯等16个国家共同建设完成。

✳ 航天员们在国际空间站里生活，他们可以拍摄照片，记录下太空的壮美景象。

✳ 航天员们还在空间站里种植了植物，充分地体验了太空生活。

✳ 航天员在空间站的奇妙旅程有时可以达到半年左右。

✳ 如今，中国也建造了属于自己的空间站——天宫空间站。

太空生活

94 中国的"嫦娥五号"探测器从月球上带回了古老的月壤

"嫦娥五号"返回器

✳ "嫦娥五号"利用装载的钻机在月球上采集岩石和土壤样本。

✳ "嫦娥五号"在月球表面一共工作了两天。

✳ 返回地球时，"嫦娥五号"是利用降落伞安全着陆的。

✳ "嫦娥五号"带回来的月球土壤，有的已经约20亿岁了！

✳ 这项重要发现让科学家更准确地了解了月球的演化过程。

火星探测器

✴美国在2020年发射的"毅力号"火星探测器完成了另一项太空任务。

✴"毅力号"的任务是去火星上寻找火星生命存在的证据，同时采集岩石、土壤样本。

✴"毅力号"一路奔波，耗时大约7个月，终于到达火星！

✴自从首颗人造卫星发射升空以来，人类的太空探索之旅已取得了巨大的进展。

✴现在甚至已经有游客进入太空旅行的记录了！

人类在太空留下了数百万个垃圾

太空垃圾

＊由于人类的活动，太空中到处散落着垃圾。

＊太空垃圾中，有人造卫星、火箭的残骸，以及航天员留下的工作和生活垃圾。

＊这些垃圾都是人类在探索太空时留下的，所以我们得把它们清理掉。

＊太空垃圾按照一定的轨道绕地球飞行，这会对正常的太空探测活动造成影响。

＊科学家现在正在研究如何回收太空垃圾，或者如何变废为宝。

新的星系还在不断被发现

新的星系

✳多亏有更加灵敏的望远镜，我们才能发现许多新的星系。

✳科学家一旦发现新的星系，就会为它命名。

✳一些被新发现的星系的演变历程会被科学家重点关注。

✳经研究发现，宇宙还在不断地膨胀。

✳星系之间会发生碰撞事件，从而形成一个新的超级星系。

仙女星系

＊仙女星系是距离银河系最近的星系，我们甚至可以用肉眼观察到它。

＊仙女星系正以300千米/秒的速度向我们奔来。

＊仙女星系的形状和结构，与银河系的相似。

＊科学家认为，仙女星系有朝一日会和银河系相撞，然后形成一个超大星系……

＊不过，这一时刻的来临还要等上几十亿年呢！

宇宙的大部分至今还蒙着神秘的面纱

面纱有待揭开

 **100** 宇宙还有很多谜底，
尚待科学家去揭开

未解之谜

✱ 这本书里所讲的大部分内容都是科学家研究的结果，他们非常了不起！

✱ 可是，并没有人真正亲眼见证过宇宙的诞生！

✱ 那些我们自认为已经知晓的谜底，将来也可能会因为新的研究发现而改变。

✱ 很久以前人们还以为"天圆地方"呢！

✱ 宇宙谜底不断被揭开，但还有很多奥秘等待着我们去探索……

星座

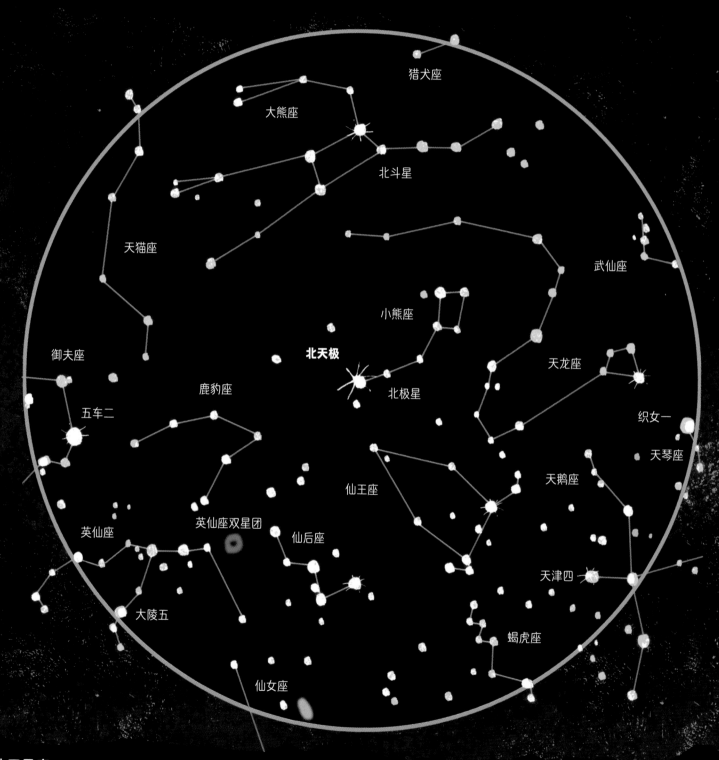

猎犬座

大熊座

北斗星

天猫座

武仙座

小熊座

北天极

天龙座

御夫座

北极星

织女一

鹿豹座

天琴座

五车二

天鹅座

仙王座

英仙座

英仙座双星团

仙后座

天津四

大陵五

蝎虎座

仙女座

北天星座
这些星座、恒星等有时候能在北半球观测到。

星座是恒星在天空背景投影位置的分区。你所能看到的星座取决于你观察时的季节及所处的位置。北半球的人和南半球的人同一时间所能看到的星座是不同的。夜晚时快点出门去看看吧，看看你能不能看到下面这些星座。

南十字座
十字架二
马腹一
苍蝇座
圆规座
船底座
飞鱼座
南三角座
蠛（yǎn）蜓座
天坛座
天燕座
蜘蛛星云
南天极
南极座
山案座
大麦哲伦云
剑鱼座
孔雀座
水蛇座
网罟（gǔ）座
杜鹃座47星团
小麦哲伦云
印第安座
杜鹃座
水委一
凤凰座

南天星座
这些星座、恒星等有时候能在南半球观测到。

107

词汇表

超新星爆发： 大质量恒星燃料耗尽时发生的剧烈爆炸，恒星大部分物质会被抛撒向太空。

地震： 地面的震动现象，分为人工地震与天然地震两类。

分子： 由原子组合而成的微粒。例如2个氢原子（H）和1个氧原子（O）可以组成1个水分子（H_2O）。

光年： 光在真空中一年内所走过的距离，1光年大约是94 605亿千米。

化学元素： 由同一类原子组成，在化学上不能再分解成更简单的物质，例如氧元素、铁元素。

空间探测器： 对宇宙中各类天体及空间进行探测的航天器，例如火星探测器。

力： 物体之间的相互作用叫作力。力可以改变物体原本静止或运动的状态。

能量： 一种表示物体做功能力大小的物理量。能量之间也可以相互转换。

喷发： 火山口喷出熔岩等物质。

蛇颈龙： 一种与恐龙同时代的大型水生爬行动物。

天体轨道： 天体在宇宙中运行的路线。例如地球在太空中沿着一条轨迹围绕着太阳周而复始地运动，这条轨迹就是地球的运行轨道。

天文学家： 研究天体及天体运行规律的科学家。

望远镜： 可以帮助人类看清距离很远的物体的光学仪器。

物质： 独立于"精神"之外的一切客观实在。宇宙就是一个物质世界。

细胞： 生物体结构和功能的基本单位，可以繁殖，有自己的生长周期，例如衰老和死亡。

星系： 众多恒星、尘埃、气体等物质在引力作用下聚集在一起形成的庞大天体系统。

星云： 由气体和尘埃构成的云雾状天体。

亚原子粒子： 比原子还要小的粒子，例如电子、中子、质子。

翼龙： 一种与恐龙同时代的、最早飞向天空的爬行动物。

引力： 一种能够让物体之间相互吸引的力。

原子： 组成单质和化合物分子的基本单位，是物质在化学变化中的最小微粒。

陨石坑： 天体表面通过陨石撞击而形成的凹坑。

索引

This edition copyright © Ronshin Group 2023
Created by Lucky Cat Publishing Ltd, Unit 2 Empress Works, 24 Grove Passage, London E2 9FQ, UK
Text by Saskia Gwinn
Illustration by Qu Lan
Designed by Ella Tomkins
Edited by Jenny Broom

图书在版编目（CIP）数据

100张图看宇宙 ：从宇宙起源到太空探索 ／（英）萨
斯基亚·格温著 ；瞿澜图 ；韩慧魏译. -- 南京 ：南京
大学出版社，2023.10
  ISBN 978-7-305-27279-0

Ⅰ．①1… Ⅱ．①萨… ②瞿… ③韩… Ⅲ．①宇宙学
－少儿读物 Ⅳ．①P15-49

中国国家版本馆CIP数据核字(2023)第169179号

出版发行 南京大学出版社
社　　　址 南京市汉口路22号　　**邮　　编** 210093
出 版 人 王文军
项 目 人 石　磊
策　　　划 刘红颖

100张图看宇宙 从宇宙起源到太空探索
100 ZHANG TU KAN YUZHOU CONG YUZHOU QIYUAN DAO TAIKONG TANSUO

[英]萨斯基亚·格温 著　瞿澜 图　韩慧魏 译

图书策划 马　莉　　　　**责任编辑** 王薇薇
封面设计 许　将　　　　**特约统筹** 瞿晨璐
美术编辑 许　将
开本 889 mm×1194 mm　1/14 开　**印张** 8
字数 72.5千字
印刷 鹤山雅图仕印刷有限公司
版次 2023年10月第1版
印次 2023年10月第1次印刷
书号 ISBN 978-7-305-27279-0
定价 48.80元

出品策划 荣信教育文化产业发展股份有限公司
网址 www.lelequ.com　　**电话** 400-848-8788
乐乐趣品牌归荣信教育文化产业发展股份有限公司独家拥有
版权所有　翻印必究